La Tierra, ha nacido una estrella

Juan P. Rambla

Copyright © 2022 Juan P. Rambla
All rights reserved.
ISBN: 9798847243483

DEDICATORIA

A mi familia

La Tierra, ha nacido una estrella

Juan P. Rambla

"Saber que sabemos lo que sabemos y saber que no sabemos lo que no sabemos, ese es el verdadero conocimiento".

Nicolaus Copernicus

Tabla de contenido

Prólogo 8

Un poco de teoría atómica 9

    El núcleo atómico 10

    Protones, neutrones y piones 13

    El nucleón y sus mutaciones 15

    Desintegraciones atómicas 18

    La desintegración beta 20

    La partícula alfa 22

    Una reacción en cadena 24

    El campo eléctrico 26

    El conjunto del átomo 29

    La variación del tiempo con la velocidad 30

    El espacio tiempo 32

La vida de una estrella 34

    Una nube de gas 35

    La formación del plasma 37

    Los primeros átomos de helio 38

    Formación de carbono, la reacción triple alfa 40

    Generación de oxígeno, silicio y magnesio 42

    Níquel y hierro, muerte de la estrella 44

    Una supernova 45

    La estrella de neutrones 48

Un choque de proporciones cósmicas 50

    El sistema solar 51

    Los planetas interiores 53

    Los planetas exteriores 55

Un choque de estrellas...56
Una supergigante roja 60
La burbuja errante..63
Atrapado por el sol 64
La gran colisión..65
Tras la tormenta llega la calma 66
¿Y la luna?..68
Referencias..69
Sobre el autor 70

Prólogo

Hace 4.500 millones de años un trozo de piedra caliente y semisólido comenzó a girar alrededor de un joven sol que apenas llevaba brillando en el Universo 100 millones de años más.

Parece lógico pensar que la Tierra y el resto de los planetas se formaron de material desprendido de ese joven y activo astro, pero caben otras posibilidades, como que esos planetas se formaran en el exterior.

Esta idea tampoco es tan descabellada, ya que es la misma hipótesis que se plantea sobre la luna, aunque no directamente.

Se plantea la posibilidad de que un objeto celeste chocara con la Tierra en formación y los restos de ese impacto formaran la luna.

En este libro vamos a plantear la posibilidad de que una burbuja desprendida de una estrella supergigante roja pasara tan cerca del sol que de los restos de aquel encuentro se acabara formando el sistema solar.

Está dividido en tres partes. En la primera se explica someramente el funcionamiento de la física nuclear y otros aspectos de la física que ayudarán a explicar la hipótesis planteada. En la segunda, la evolución de una estrella desde que nace de una nube de protones hasta que se acaba convirtiendo en una estrella de neutrones.

Por fin, la tercera parte plantea a hipótesis de que una burbuja desprendida de una supergigante roja fuera la causa de la formación del sistema solar.

Un poco de teoría atómica

El núcleo atómico

Para entender correctamente todo el planteamiento que aparece en este libro, inicialmente vamos a dar unas pequeñas pinceladas sobre el funcionamiento del núcleo atómico. La idea es hacerlo lo más sencillo posible, sin entrar en profundas explicaciones ni aburridas demostraciones matemáticas.

Queremos presentarte la física nuclear básica que te permita entender qué es lo que ocurre en cada paso de la evolución de una estrella y así comprender el fin último de la hipótesis que presentamos al final del libro.

Empezamos con el núcleo atómico. Sabemos que la materia se compone de átomos diferentes que se unen entre sí mediante reacciones químicas para formar moléculas. Las moléculas de diferentes compuestos forman aleaciones, disoluciones, materia orgánica, sales...

Volviendo a la esencia de la materia, llegamos al átomo. Un átomo es una partícula compuesta tradicionalmente de protones y neutrones en el núcleo y rodeado de electrones.

Los protones tienen carga positiva, los neutrones tienen carga neutra y los electrones tienen carga negativa.

Un elemento es materia pura, compuesta de átomos con las mismas características. A un elemento le caracteriza el número de protones de su núcleo. A un número diferente de protones en el núcleo le corresponde un elemento diferente.

Así pues, el carbono tiene 6 protones en el núcleo y es diferente en características del oxígeno, que tiene 8. Sus características químicas y físicas son muy diferentes.

El carbono en estado puro es sólido y puede formar diferentes formas de cristalización mientras que el oxígeno es un gas que aparece con dos o tres átomos unidos, como oxígeno o como ozono.

En cambio, un elemento puede tener un número diferente de neutrones, manteniendo sus características físicas y químicas. Esos elementos con el mismo número de protones, pero diferente de neutrones, se llaman isótopos.

El propio carbono, en su isótopo más común tiene 6 neutrones, pero hay un isótopo que tiene 8. Este isótopo no es estable y se desintegra, buscando formas más estables.

Los núcleos atómicos buscan la mayor estabilidad. Protones y neutrones mutan buscando ese equilibrio. El núcleo incluso puede perder neutrones o partículas alfa, formadas por dos protones y dos neutrones para lograr esa estabilidad.

Estas mutaciones dentro del propio núcleo atómico nos dan pistas de su funcionamiento. Las más modernas teorías sobre el núcleo atómico nos dicen que hay unas partículas denominadas nucleones, que mutan entre protones y neutrones y que, además, aparece una nueva partícula, el pion, que es el encargado de gestionar esos cambios.

Esto está explicado más profundamente en *"**El quanto de energía**"*, otro libro publicado sobre física cuántica, pero éste no es el objeto de éste.

Vamos a ir descubriendo poco a poco las partículas que componen ese núcleo atómico y comprendiendo las reacciones nucleares que aparecen en las estrellas y que son génesis de la materia tal y como la conocemos.

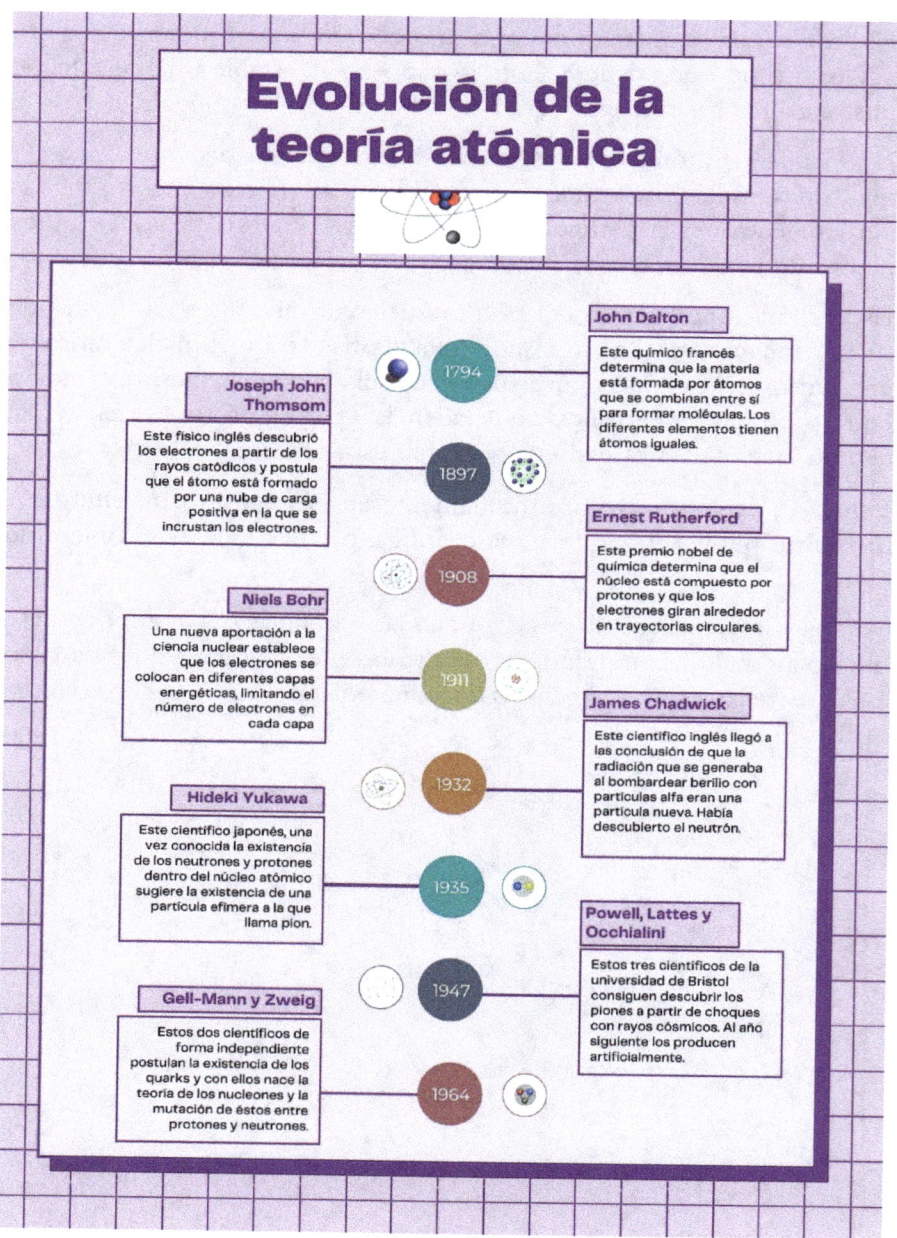

Protones, neutrones y piones

En el núcleo del átomo aparecen protones, neutrones y piones. El pion es una partícula subatómica que puede tener carga positiva, carga negativa o carga neutra.

Un protón está compuesto esencialmente por tres quarks y un gluon. Es el gluon el encargado de mantener a los tres quarks unidos, es el que genera las fuerzas nucleares, tanto la débil como la fuerte, tal y como se explica más profundamente en *El quanto de energía*.

La fuerza nuclear débil es la que mantiene a los quarks juntos en la partícula, mientras que la fuerte es la que consigue que los protones y los neutrones se unan dentro del átomo.

Los protones dentro del núcleo mutan constantemente en neutrones y los neutrones en protones. El núcleo es un elemento vivo activo, no estático, cambiante.

Para entender esta mutación, lo primero que tienes que conocer es qué es un quark, una partícula subatómica que se desintegra si está sola, pero que cuando está en presencia de un gluon o de un bosón W se mantiene estable.

Hay dos tipos principales de quarks, el denominado Down o D y el Up o U. Estos dos quarks tienen también sus correspondientes antipartículas y las cuatro tienen carga eléctrica, pero no completa.

Así pues, el Quark tipo U tiene una carga positiva de $+2/3$ y el D tiene una carga negativa de $-1/3$.

Un protón está formado por 2 quarks tipo U y uno tipo D mientras que un neutrón se compone de 2 quarks tipo D y uno tipo U. Así pues, la carga eléctrica del protón es $+2/3+2/3-1/3 = +1$ o lo que es lo mismo, una carga positiva.

La carga eléctrica del neutrón, por el contrario, sería la siguiente: $-1/3-1/3+2/3=0$, o sea, carga neutra.

Los piones se componen por un quark y un antiquark unidos por un bosón W. Pueden ser positivos, negativos o neutros. Así pues, un pion positivo se compone de un quark D y un antiquark U. Su carga eléctrica, teniendo en cuenta de que un antiquark tiene la carga contraria de su quark, será la suma de 2/3+1/3=+1, carga positiva.

Un quark U junto con su antiquark D tendrá la siguiente carga: -1/3-2/3=-1, carga negativa, sería un pion negativo.

Un quark junto con su antiquark sumaría 0, o sea, tendrían carga neutra. Serían piones sin carga.

De los piones hay que señalar que su vida fuera del núcleo atómico es muy corta y decaen rápidamente en positrones el pion positivo, en electrones los negativos y desaparecen en dos fotones gamma los neutros.

En cambio, dentro del núcleo se mantienen estables. Cuando se encuentran dos piones, uno negativo y otro positivo, se desintegran, generando dos fotones tipo gamma muy energéticos, energía que es rápidamente reabsorbida por el núcleo.

Resumiendo, en esencia dentro del núcleo hay protones, neutrones y piones, que se mantienen unidos gracias a la fuerza nuclear fuerte que genera el gluon.

En el siguiente capítulo analizaremos el funcionamiento del núcleo y cómo se producen las mutaciones que lo mantienen estables.

El nucleón y sus mutaciones

En el nucleón, esa partícula compuesta por tres quarks y el gluon y que muta constantemente entre protón y neutrón se produce un fenómeno muy importante y que es el que da lugar al funcionamiento del universo.

Dentro de este nucleón se producen constantemente pares de quarks y antiquarks. Materia y antimateria. Parte de la energía almacenada dentro de esa partícula desaparece para crear esa pareja de materia y antimateria.

Ese par de quarks se combinan y generan un pion neutro que llega a la superficie del nucleón quedando atrapado por la fuerza nuclear fuerte y desaparece cediendo la energía utilizada en su formación otra vez al nucleón.

En ocasiones ese pion puede escapar del nucleón desintegrándose como dos fotones muy energéticos.

Pero a veces ocurre otra cosa. Si en un nucleón tipo protón formado por dos quarks tipo U y un quark tipo D se genera un quark tipo D junto con su antipartícula, ese nuevo quark puede desplazar a uno de los de tipo U para quedarse en el nucleón.

En este desplazamiento el protón se ha convertido en un neutrón y el quark desplazado tipo U se une al antiquark tipo D sobrante y genera un pion positivo que quedará atrapado dentro del núcleo atómico por la fuerza nuclear fuerte.

Este fenómeno ocurre constantemente y también en el otro sentido, con nucleones tipo neutrón conformados por dos quarks tipo D y uno tipo U. En este caso, si se forma un par quark-antiquark tipo U, se puede desplazar a uno de los quarks tipo D del nucleón formándose un nucleón tipo protón y un pion negativo al unirse el quark tipo D con el antiquark tipo U.

Ese pion también queda atrapado dentro del núcleo atómico por la fuerza nuclear fuerte.

Y dentro de ese núcleo, si se encuentran un pion negativo y uno positivo, se aniquilan en forma de energía que vuelve al núcleo atómico para seguir el proceso de formación de pares quark-antiquark.

Dentro del núcleo atómico entonces lo que nos encontramos son nucleones que pueden estar en forma de protones o neutrones y piones positivos y negativos.

Aunque tradicionalmente siempre se ha hablado de que el núcleo atómico está formado por protones y neutrones y que el número de protones determina de qué elemento se trata y el número de neutrones cuál de sus isótopos es, ahora hay que cambiar un poco ese concepto adaptándolo a la nueva realidad.

La suma de las cargas eléctricas de los protones, piones positivos y piones negativos presente en un núcleo atómico es siempre constante y esa carga eléctrica es la que determina de qué elemento se trata.

Y el peso atómico del isótopo de ese elemento es el número de nucleones que lo componen.

Con un ejemplo. Imaginemos un átomo de litio 7, el más común, compuesto tradicionalmente por 3 protones y 4 neutrones. En un momento dado en ese núcleo nos podemos encontrar 4 protones, un pion positivo y dos piones negativos, siendo 7 los nucleones que lo componen.

La carga eléctrica sería +4+1-2=+3. Su peso atómico sería 7, ya que hay 4 nucleones. Y mientras el litio7 sea litio, esa suma de cargas eléctricas será siempre +3.

Para entenderlo mejor. Partamos de un átomo de litio 7 compuesto por 3 protones y 4 neutrones. Uno de los neutrones muta a protón para lo cual debe crearse un pion negativo. Ahora tendríamos 4 protones, 3 neutrones y 1 pion negativo. La suma de cargas sería +3.

Otro de los neutrones muta a protón mientras que uno de los protones muta a neutrón. El neutrón creará al mutar un pion negativo mientras que el protón generará un pion positivo. Tendremos entonces en el núcleo 4 protones, 3 neutrones, 2 piones negativos y 1 pion positivo. La suma de sus cargas será +3. Seguirá siendo litio.

Si uno de los piones negativos se encuentra con un pion positivo, se aniquilarán, devolviendo su energía al núcleo. Y la carga seguirá invariable, +3, la del litio.

El núcleo, por tanto, está compuesto por nucleones que generan constantemente pares de materia y antimateria, quarks y antiquarks que hacen mutar a esos nucleones entre protones y neutrones generando piones positivos y negativos que quedan atrapados dentro del núcleo gracias a esa fuerza nuclear fuerte.

La suma de las cargas eléctricas en cada instante de protones y piones se mantiene siempre constante y es la característica del elemento. El número de nucleones que compone el núcleo atómico determina de qué isótopo de ese elemento se trata.

Desintegraciones atómicas

En el capítulo anterior hemos comprobado que el núcleo atómico no es algo estático. Por el contrario, es muy dinámico. Se encuentra en constante evolución, produciéndose importantes mutaciones que son las que permiten a la materia existir.

Esas mutaciones son además las que propician, gracias a sus oscilaciones y movimientos, la existencia de las principales fuerzas de la naturaleza, tal y como se explica más profundamente en el libro **El quanto de energía**.

Pero en un núcleo en constante evolución se pueden producir mutaciones irreversibles en la búsqueda de una mayor estabilidad. A esas mutaciones las llamamos desintegraciones y traen como consecuencia cambios importante en la estructura del núcleo atómico.

Así pues, un elemento puede transmutar en otro elemento diferente de igual peso atómico mediante una desintegración beta, en otro bastante más ligero en una desintegración alfa o cambiar su peso atómico y transformarse en otro isótopo del mismo elemento gracias a la emisión de neutrones.

Además, estas desintegraciones siguen fórmulas estadísticas muy precisas. Así pues, si en un elemento se produce de forma natural un tipo de desintegración, se cumple por ejemplo que, al cabo de determinado periodo de tiempo, la mitad de los átomos de ese elemento se habrán desintegrado. Y ese tiempo, denominado periodo de semidesintegración es invariable para esa desintegración.

Por ejemplo, el periodo de semidesintegración del ^{60}Co en ^{60}Ni es de 5,27 años. Esto significa que, si tenemos 1 kg de cobalto radiactivo, al cabo de 5,27 años tendremos sólo medio kilo de cobalto. Y 5,27 años más tarde nos quedará tan sólo un cuarto de kilo de cobalto. Transcurridos 5,27 años más sólo nos quedarán 125 gramos de cobalto. Y así sucesivamente.

Vamos a ver más profundamente la desintegración del núcleo, ya que son la base de la formación de la materia y de las estrellas, junto con la fusión nuclear, la unión de nucleones para crear elementos más complejos.

LA DESINTEGRACIÓN NUCLEAR

Cuando los elementos transmutan

DESINTEGRACIÓN ALFA

Los átomos pierden una partícula alfa compuesta por cuatro nucleones y con carga positiva +2.

DESINTEGRACIÓN BETA

El átomo pierde un pion positivo o negativo cambiando su número atómico.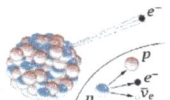

DESINTEGRACIÓN NEUTRÓNICA

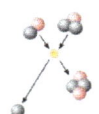
El átomo pierde un neutrón que se desintegrará a su vez en un protón y un electrón.

La desintegración beta

Este tipo de desintegración es la que llevó a la conclusión de que el núcleo atómico está formado por nucleones que mutan entre protones y neutrones, emitiendo piones.

Y como consecuencia, se determinó que los nucleones y los piones estaban conformados por unas nuevas partículas subatómicas, los quarks.

Analizando la estabilidad de los diferentes isótopos de la tabla periódica, se dibujó la siguiente gráfica.

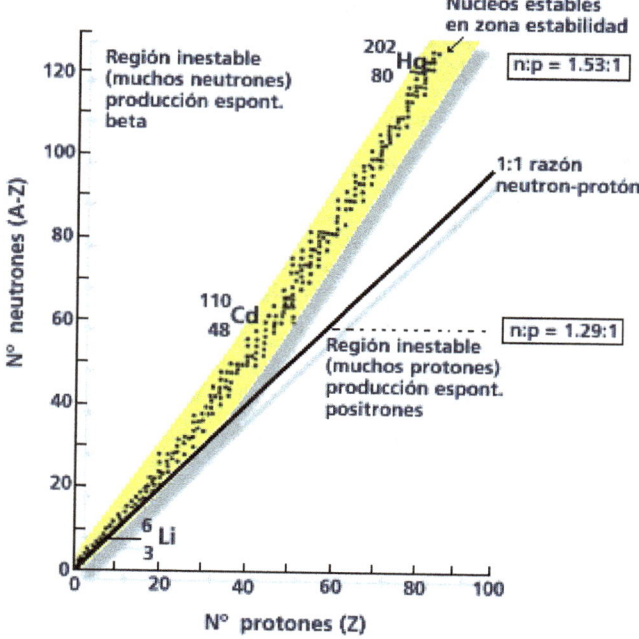

En ella se puede ver que hay una región en la que la relación de carga eléctrica frente a nucleones que conforman el núcleo, traducido a la relación entre protones y neutrones, es estable.

Para un número determinado de nucleones formando el núcleo atómico, hay una carga eléctrica estable. Esa carga puede variar un poco para un número de nucleones dado, pero si se desvía mucho de la franja estable, ya sea por encima o por debajo, se pierde carga eléctrica, ya sea positiva o negativa, para lograr esa estabilidad.

Esta pérdida de carga eléctrica se conoce como desintegración beta. De esta manera unos elementos mutan en otros.

Por ejemplo, el ^{60}Co está formado por 60 nucleones. Tiene una carga eléctrica positiva de +27. Pero está fuera del rango de estabilidad, se encuentra por encima de la tabla.

Dentro del nucleón se forman constantemente piones positivos y negativos mientras los nucleones mutan entre protones y neutrones. Pero hay escasez de carga positiva por lo que se generan demasiados piones negativos.

Tarde o temprano uno de esos piones negativos escapa del núcleo, decayendo rápidamente en un electrón y emitiendo un fotón gamma.

Al perder un pion negativo, la carga eléctrica del núcleo atómico aumenta a +28, la que corresponde al níquel, que ya entra dentro del rango de estabilidad de la tabla que se muestra arriba.

El Cobalto se ha convertido en Níquel.

Otro ejemplo de desintegración beta es la del ^{23}Mg. Este elemento tiene una carga eléctrica muy alta para el número de nucleones que conforman el núcleo, concretamente +12. Se generan demasiados piones positivos, de manera que uno de ellos acaba escapándose del núcleo transmutándose en un positrón y emitiendo un fotón gamma.

El Magnesio se transmuta en Sodio, con una carga eléctrica de +11, mucho más estable para los 23 nucleones de ese núcleo.

La desintegración beta sólo es posible si el núcleo es dinámico. La teoría de los nucleones y piones conformando el núcleo explica perfectamente este fenómeno. Y la generación de piones desde el núcleo confirma la existencia de los quarks.

La partícula alfa

Hay un núcleo atómico excepcionalmente estable. Está formado por 4 nucleones y tiene una carga eléctrica de +2. Este núcleo coincide con el del átomo de helio. Ya sea por su forma, por su carga eléctrica o por cualquier razón que se nos escapa, el átomo de helio es una de las partículas más estables del universo.

A su núcleo atómico se le denomina también partícula alfa. Tiene una peculiaridad. Dentro de núcleos atómicos más complejos, con un número atómico elevado, se forman pequeñas islas de cuatro nucleones.

Y es tan estable que hay núcleos complejos fuera de la tabla vista en el capítulo anterior que, en vez de perder piones, emiten directamente partículas alfa.

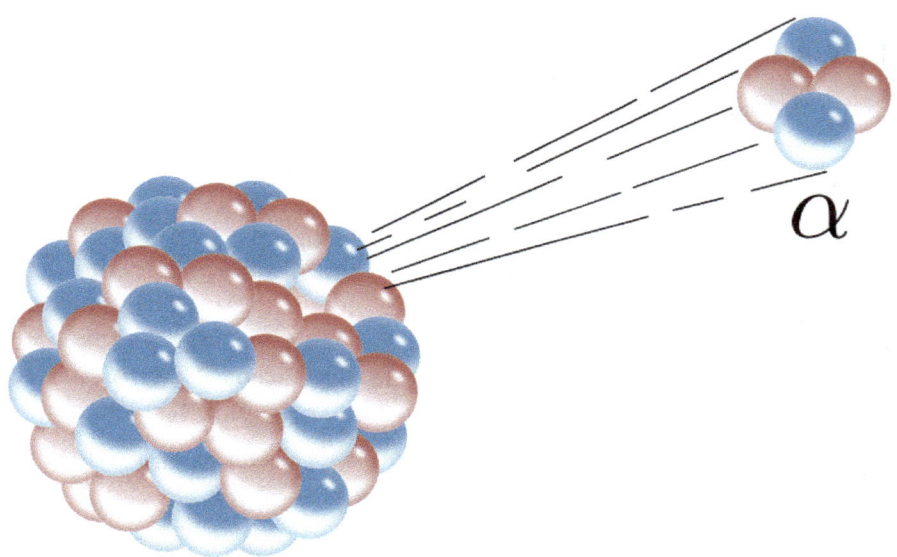

Este tipo de desintegración alfa es la que sufre el Radio. Este elemento, de 226 nucleones y una carga eléctrica de +88 pierde una partícula alfa transmutándose en Radón, con 222 nucleones y una carga eléctrica de +86.

El núcleo atómico del Radón tampoco es estable, y pierde otra partícula alfa para pasar a ser Polonio, con 218 nucleones y +84 de carga eléctrica, otro elemento inestable que vuelve a perder otra partícula alfa para convertirse en Plomo, con 214 nucleones y +82 de carga eléctrica.

La partícula alfa es conocida ordinariamente como helio, un gas noble, concretamente el de menos peso atómico de todos ellos. En la Tierra la mayor parte del helio presente se ha formado por desintegraciones radiactivas tipo alfa.

Es un elemento tan volátil que cuando llega a la atmósfera, se pierde en sus capas más altas desapareciendo en el espacio.

Una reacción en cadena

En núcleos relativamente pesados puede darse una desintegración que destruye el núcleo, partiéndolo en otros más pequeños. Eso ocurre por ejemplo con el Uranio 235 o el Plutonio 239, núcleos inestables que antes de estabilizarse con otro tipo de desintegraciones, se autodestruyen dando lugar a átomos más pequeños y generando una gran cantidad de energía.

Esta desintegración de los átomos se utiliza sobre todo en centrales nucleares, donde el uranio o el plutonio, en determinadas condiciones, dan lugar a reacciones que se multiplican si no hay un moderador por medio.

Así pues, en un reactor nuclear, los neutrones que se generan en la reacción activan a otros átomos cercanos que se parten por culpa de ese neutrón al chocar con ellos.

Esta reacción nuclear se denomina de fisión, ya que destruye el átomo, lo parte. Puede ser más o menos rápida dependiendo de la riqueza en el isótopo fisionable, la masa y la presión.

Por ejemplo, en una central nuclear, que no se necesita que la reacción sea demasiado explosiva para poder utilizar la energía que se produce, la riqueza del isótopo de uranio 235 frente al de 238 es pequeña, del orden de 3%.

En cambio, en una bomba atómica, la riqueza del uranio 235 frente al 238 es superior al 95%.

Otro factor que incluye en la velocidad de reacción es la masa de material fisible que se tiene. Cuanto mayor es la masa de material fisible, mayor es la velocidad de rección.

Llega un momento en el que la masa es tal que se emiten más neutrones de lo que el material puede absorber y comienza una reacción en cadena, a muy alta velocidad, una explosión atómica.

El momento en el que se produce esta reacción en cadena depende de la masa y de la densidad, habiendo una masa crítica para la cual esa reacción aparece y es instantánea y una densidad para la cual también ocurre.

Para el uranio 235, por ejemplo, la masa crítica es de unos 50 Kg. La bomba de Hiroshima, de Uranio, funcionaba con ese principio. Se unieron dos masas subcríticas de uranio para dar lugar a una superior a 50 Kg y se produjo la explosión, de alrededor de 16 kilotones.

El proceso de masa crítica no funciona tan bien para el plutonio, pero éste, sometido a una presión adecuada, también da lugar a una reacción en cadena.

La primera bomba atómica, Trinity, explosionada en Álamo Gordo y la de Nagasaki seguían este principio. Se rodeaba una esfera de plutonio con un potente explosivo y al explotar comprimía la esfera hasta la densidad crítica, dando lugar a la reacción en cadena.

Este proceso lo veremos en las supernovas, que no son más que una gran explosión nuclear producida por una reacción en cadena.

El campo eléctrico

La ecuación típica del campo eléctrico para una carga Q en función de la distancia a esa carga r se corresponde tradicionalmente con la siguiente fórmula

$$E = k\frac{Q}{r^2}$$

Siendo k una constante que depende del medio en el que esté ese campo eléctrico, ya que no es lo mismo el vacío que el aire, por ejemplo.

De esta fórmula se deduce la fuerza de atracción o repulsión de dos partículas con carga eléctrica, que sería la siguiente:

$$F = k\frac{Q_1 \cdot Q_2}{r^2}$$

Esto significa que dos cargas eléctricas si son de distinto signo, se atraerán con más fuerza cuanto más cerca se encuentren y lo mismo, se repelerán con más fuerza cuanto más juntas estén.

Esta fórmula, cuando estamos hablando de distancias medibles, se cumple perfectamente, pero cuando nos acercamos al tamaño del núcleo atómico nos presenta muchos problemas.

El primero, los electrones alrededor del núcleo. Deberían tener una energía cinética enorme para no caer hacia los protones del núcleo. El segundo, los piones y protones del núcleo, que estarían sometidos a una fuerza de repulsión enorme, lo que destruiría el núcleo.

Sin embargo, sabemos que eso no ocurre y que, además, los electrones se disponen en capas perfectamente distribuidas en el espacio alrededor del núcleo, independientemente de la energía cinética que posean.

Esto nos da una pista sobre cómo funciona el campo eléctrico tan cerca de la partícula que genera el campo eléctrico.

En las proximidades del protón el campo eléctrico es nulo, produciéndose un máximo a cierta distancia, desde el que decrece ese campo, hasta producirse otro máximo un poco más lejos, algo menor que el primero. Y luego aparece un tercero, un cuarto máximo.

Los electrones se disponen en esas zonas donde el campo eléctrico es máximo, distribuyéndose por capas, atrapados en esos campos eléctricos de los que no pueden escapar a no ser que puntualmente tengan la energía suficiente como para hacerlo como, por ejemplo, por el efecto fotoeléctrico.

Esto está más profundamente explicado en el libro **"El quanto de energía"**, pero a efectos prácticos, simplemente te tienes que quedar con la idea de que cuando estamos muy cerca del núcleo atómico, las ecuaciones de campo no se cumplen, sino que se forman campos eléctricos en capas y zonas donde el campo eléctrico es nulo o de baja intensidad.

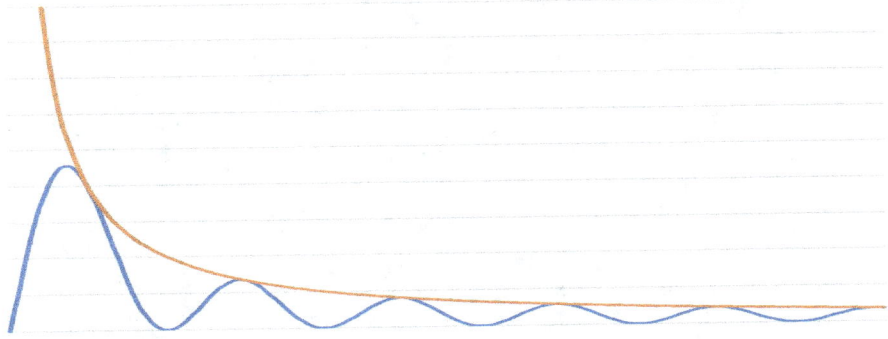

En esta gráfica se representa la variación del campo eléctrico. Aparece la curva tradicional del campo eléctrico, que aumenta según nos acercamos al núcleo, y el real, con máximos y mínimos alrededor del núcleo.

La siguiente representación presenta la disposición de esos campos eléctricos máximos alrededor del núcleo, y la posición de las capas de electrones.

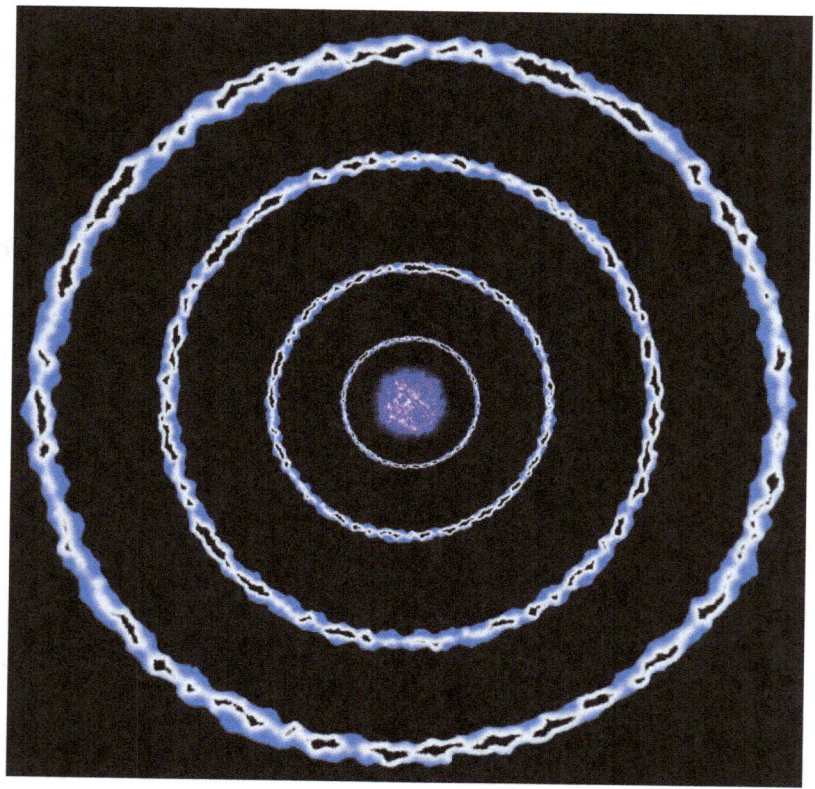

Para que nos hagamos una idea de las distancias a las que aparecen los campos eléctricos, si el núcleo atómico tuviera el tamaño de una naranja, los electrones de la primera capa se encontrarían nada menos que a 4 kilómetros de esa naranja.

De ahí sacamos dos conclusiones. La primera, que la fuerza eléctrica es muy potente y la segunda, que empieza a manifestarse muy lejos del núcleo.

Esto también deshecha la teoría clásica de que el electrón gira a gran velocidad alrededor del núcleo que la fuerza centrípeta por su energía cinética compensa la fuerza eléctrica.

El conjunto del átomo

Ahora que ya conocemos cómo funciona el núcleo atómico, vamos a rodearlo de electrones para equilibrar su carga eléctrica y crear un átomo.

Ya hemos visto cómo se disponen las cargas eléctricas alrededor del núcleo. En esas zonas donde la carga eléctrica es mayor es donde se colocan las cargas negativas.

Los electrones más cercanos al núcleo permanecen más estables. Cuando el átomo recibe energía, los electrones más alejados son los primeros en captarla, de manera que pueden excitarse lo suficiente como para escapar del campo eléctrico que los retiene.

Generalmente cuanto mayor es el núcleo atómico mayor es la carga eléctrica que tiene, manteniendo la estabilidad que se ha visto en la tabla que describía la desintegración beta.

Los átomos, salvo en los gases nobles, se unen a otros átomos para formar moléculas. Esto permite cierta estabilidad eléctrica a los átomos sobre todo en las capas más exteriores que pueden admitir más electrones que la que permite la carga eléctrica del núcleo.

La materia puede presentarse tradicionalmente en tres estados principales, sólido, líquido y gaseoso. Para un mismo material, según aumenta la temperatura, el estado pasa de sólido a líquido y de éste, a gaseoso.

Pero según aumenta la temperatura y la presión aparece un nuevo estado. Esto se produce porque los átomos están muy juntos, pero vibran con mucha energía. Esa energía que poseen hace que pierdan los electrones.

Los núcleos atómicos dejan de formar moléculas. Tienen mucha energía y están muy juntos y se forma una especie de pasta eléctrica por la que se mueven los electrones, fuera de la influencia de los núcleos.

A este estado se le conoce como plasma, y es muy importante en la formación de las estrellas, como veremos más adelante.

La variación del tiempo con la velocidad

Para acabar, vamos a ver por encima la teoría de la relatividad. Sólo quiero que comprendas por qué se habla del espacio-tiempo y no sólo al espacio a lo que nos rodea. Esto es debido a que la velocidad de la luz en el vacío y en ausencia de gravedad tiene un límite superior que no se puede superar.

La mejor manera de verlo es con un ejemplo bastante clásico, el del tren y dos observadores, uno interior y otro exterior.

Imagina que viajas en un vagón de tren. Estás sentado y hay un niño que se aburre y empieza a jugar con una pelota. La lanza con fuerza al suelo y la pelota rebota hasta el techo, y vuelve al suelo. Para que lo entiendas mejor, imagina que el niño consigue que la pelota vaya del suelo al techo a una velocidad constante.

De esta manera, la pelota tardará un tiempo en el rebote desde el techo hasta el suelo. Tú vas en el tren y ves el movimiento de la pelota, vertical. El espacio que recorre la pelota es el que hay entre el suelo y el techo, y el tiempo que tarda es fijo. Esa pelota se mueve a una velocidad determinada, fruto de la distancia entre el techo y el suelo dividida entre el tiempo que tarda en recorrerla.

El tren pasa por una estación y ahí hay una persona mirando al tren. Se fija en la pelota y ve que tarda el mismo tiempo en llegar del techo al suelo que el que tu mides. Pero se fija en un detalle. Para él la pelota no se mueve de forma vertical, sino en zigzag.

En el tiempo que tarda la pelota en viajar del techo al suelo, el tren ha avanzado unos metros. Y la pelota con él. Esto significa que para la persona que está en la estación, la pelota ha recorrido más espacio que para ti, que estás en el tren.

Como ha tardado el mismo tiempo, pero ha recorrido más espacio, la persona que ve la pelota rebotando desde la estación observa que va a más velocidad que tú, que la miras desde dentro del tren.

Imaginemos que ese tren viaja a velocidades cercanas a la de la luz. Tú, desde dentro del tren, verás la pelota rebotar a la misma velocidad. A tu percepción no le afecta la velocidad del tren.

Pero en cambio, la persona que ve pasar el tren por la estación vería a la pelota viajar a velocidades superiores a la de la luz, ya que recorre más espacio al viajar en zigzag. Y esto sabemos que es imposible ya que la velocidad de la luz en el vacío y en ausencia de gravedad es un límite que no se puede sobrepasar.

Para que esto pueda ocurrir, sólo hay una solución. Y es que el tiempo corra más despacio en el interior del tren. Tú no sentirás nada porque estás dentro del vagón, para ti el tiempo correrá a la misma velocidad, pero para la persona que está mirando desde la estación verá que, para ti, el tiempo transcurre más despacio.

Por eso a grandes velocidades, el tiempo transcurre más despacio. Esto se ha comprobado empíricamente. Las fórmulas de Einstein permiten calcular ese tiempo a diferentes velocidades.

Pero hay algo más. Tú puedes mirar por la ventanilla, y comprobarás que el espacio que observas se contrae. Esto es debido a que para ti el tiempo transcurre más lento que para el exterior, y hay que compensarlo ya que para ti la velocidad de la luz sigue siendo un límite.

Si el espacio para ti, como observador desde el tren, no se contrajera, estarías viajando a velocidades superiores a la de la luz porque el denominador del cálculo de esa velocidad es menor por la contracción que sí ha sufrido el tiempo.

Uno de los experimentos que demuestran este fenómeno parte de un electrón muon al que se lanza a gran velocidad en un acelerador de partículas. La vida media de esta partícula antes de decaer en un electrón normal aumenta considerablemente cuando se lanza a velocidades cercanas a la de la luz y la explicación es debido a que el tiempo se dilata a esas velocidades.

El espacio tiempo

Hemos visto en el capítulo anterior que el tiempo y el espacio son relativos dependiendo de la velocidad a la que viajemos. También varía con la gravedad.

La gravedad es una fuerza especial. Siempre nos han enseñado que es una fuerza de atracción entre dos cuerpos debido a su masa. Es una manera de verlo, la que nos explicó Newton en su tiempo.

Pero la gravedad es algo diferente. La gravedad es una fuerza que hace que el espacio-tiempo en el que nos encontramos se contraiga. Al contraerse provoca que una masa atraiga hacia sí, como un pozo, a otras masas cercanas.

Dos masas se atraen porque deforman el espacio-tiempo a su alrededor y al encogerlo tienden a acercarse para compensarlo.

Cuando la masa es muy grande, esa deformación es tan importante que la luz tarda más tiempo de lo normal en atravesarlo. Si viajaras en un fotón por ese espacio-tiempo deformado, no notarías nada ya que tendrás la sensación de que recorres el mismo espacio durante el mismo tiempo porque viajas por él encogido.

Sin embargo, para un observador externo que estuviera mirando ese fotón, lo vería viajar por ese espacio más despacio que en ausencia de gravedad. Si lo estuviera viendo moverse en las cercanías de un agujero negro, parecería que apenas se desplaza. El espacio tiempo está tan deformado que el fotón viajando a la velocidad de la luz tiene que recorrer un espacio-tiempo tan encogido que le cuesta muchísimo atravesarlo.

En la figura que se presenta a continuación se representa el espacio-tiempo más "denso", con las líneas más juntas, en las cercanías de la superficie del planeta.

Ahora bien. Cuanta más masa haya, mayor será la deformación del espacio tiempo. Pero también ocurre una cosa curiosa, y muy importante. Según nos acercamos al centro de la masa, al núcleo de ese planeta, la gravedad disminuye, haciéndose 0 en su centro.

Esto es debido a que la masa va disminuyendo según nos acercamos a ese centro y, por tanto, también su gravedad, estando el espacio-tiempo, por tanto, menos deformado en el centro del planeta o de la estrella.

No es una disminución lineal, ya que la densidad en el centro de ese planeta o estrella es muy alta, pero en el centro es nula.

JUAN P. RAMBLA

La vida de una estrella

Una nube de gas

Vamos a dar un repaso a la vida de una estrella, desde sus inicios como una nube de gas en el espacio hasta su final, cuando agota la capacidad de producir más energía.

Una estrella es un astro que, a partir de su masa inicial, a través de diferentes reacciones nucleares, es capaz por un lado de generar energía y por otro crear núcleos atómicos cada vez más complejos.

Las estrellas son un fenómeno fascinante. Gracias a la gravedad y a otras fuerzas de la naturaleza pasan de ser una simple nube de hidrógeno, de protones que se han creado probablemente a partir de neutrones primigenios, a ser una de las fuentes de energía más importantes del universo.

Y como curiosidad, en algunas ocasiones el final de esas estrellas es precisamente una estrella de neutrones.

Pero volvamos al inicio. Volvamos a esa nube de gas, de hidrógeno. Decimos que lo más probable es que esa nube se haya creado por una generación masiva de neutrones más que nada porque el neutrón es un elemento neutro, sin carga eléctrica, que puede generarse, como hemos visto en capítulos anteriores, a partir del gluon.

Esos neutrones decaen rápidamente en protones y electrones, por lo que, a partir de ese neutrón inicial, se generarían protones y electrones, completamente estables en átomos de hidrógeno.

Si la nube de hidrógeno es lo suficientemente grande, puede empezar a colapsar. Si esto ocurre, el volumen de la nube irá disminuyendo, aumentando su densidad. Al retraerse en su superficie comenzará a aumentar la deformación el espacio tiempo debido a la gravedad y el proceso de colapso de la nube aumentará.

Poco a poco la nube empezará a aumentar su temperatura, debido a la presión que las moléculas de hidrógeno sufren, sobre todo en el interior, donde la densidad es mayor por la contracción que sufre.

Hasta ahora, de las cuatro fuerzas fundamentales, sólo está interviniendo la fuerza de la gravedad. Ten en cuenta el hecho de que, aunque la masa de la nube de gas no ha variado, sí ha disminuido su volumen y por tanto aumentado su densidad.

Esto tiene como consecuencia directa el aumento de la deformación del espacio tiempo por la gravedad que contribuye al colapso mayor de esa nube, a la vez que aumenta su temperatura por la presión creciente.

Esa masa gaseosa, inicialmente de forma amorfa, al contraerse va formando una esfera que al calentarse empezará a crear fuerzas convectivas y movimiento de gases en su interior que se trasladarán a la superficie, transmitiendo el calor generado a toda la nube.

Se ha creado el germen para el nacimiento de la estrella.

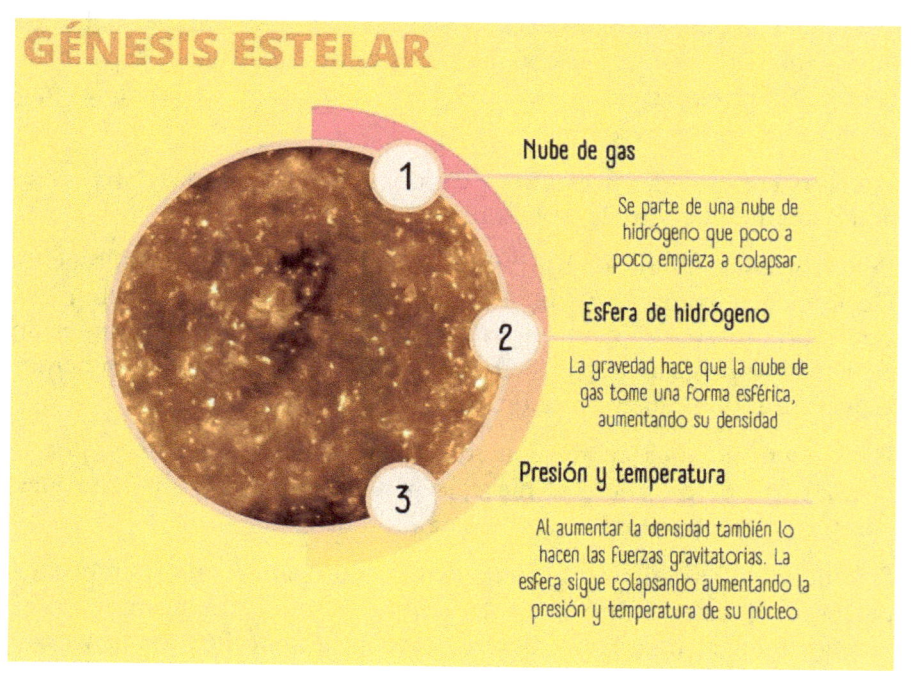

La formación del plasma

En el capítulo anterior hemos visto cómo la nube de hidrógeno se ha ido comprimiendo a la vez que aumentaba su densidad. Mientras tanto la temperatura ha ido in crescendo, lo mismo que la presión en su interior.

Ésta ha adoptado una forma esférica, que es la más adecuada a ese aumento de densidad. La nube de gas caliente empieza a sufrir movimientos convectivos desde el núcleo hacia la superficie. Este movimiento hace que la esfera se caliente más.

La gravedad en la superficie de la nube de hidrógeno aumenta al reducirse el volumen que ocupa esa masa de gas.

Debido a la temperatura creciente en el núcleo de esa estrella primigenia, los electrones de la molécula de hidrógeno adquieren mucha energía, tanta que son capaces de escaparse del campo de fuerza eléctrico que los retiene.

Los átomos de hidrógeno se ionizan al perder los electrones. Al estar tan juntos por culpa de la presión, se mueven rápidamente muy cerca unos de los otros, a una alta temperatura.

El núcleo de la nube pasa a estar en un estado de plasma en el que los protones crean una masa ionizada por la que se mueven los electrones saltando de un átomo a otro.

Ese estado de plasma es muy importante en la formación de la estrella, ya que el campo de fuerza eléctrica que generan a su alrededor los protones ya no se comparte en una molécula de hidrógeno, sino que se han unido para formar un pastel de núcleos atómicos que se repelen entre sí por la carga eléctrica y una gran nube electrónica que viaja por todo ese plasma.

En el siguiente capítulo se verá la importancia de este estado en la ignición de la estrella.

Los primeros átomos de helio

Si recordamos el capítulo de la deformación del espacio-tiempo por la gravedad, con la nube tan colapsada, la gran masa que la forma mantiene muy contraído ese espacio-tiempo en la superficie.

Si avanzamos hacia el interior de la nube, en un determinado punto la esfera que pasa por ese punto y con centro en su núcleo, obviamente va a ser más pequeña y tendrá menos masa. La densidad sin embargo aumenta por la presión por lo que es impredecible saber si la deformación del espacio-tiempo aumenta o disminuye, pero según nos acercamos al centro, la masa disminuye tanto que la gravedad también lo hace, a pesar de la alta densidad.

En el núcleo de la futura estrella la gravedad es baja, por lo que el espacio tiempo está muy poco deformado. Sin embargo, la densidad es muy grande por la presión.

Estos dos factores hacen que los átomos tengan gran movilidad, pero estando muy juntos, tanto que ocasionalmente un protón puede traspasar la esfera de campo de fuerza eléctrico de otro. Recuerda que ese campo de fuerza ya lo hemos visto en capítulos anteriores.

Ahora tenemos dos núcleos atómicos confinados dentro de un campo eléctrico y tarde o temprano podrán pasar dos cosas:

- El núcleo atrapado dentro del segundo consigue escapar de su campo eléctrico
- Los dos núcleos se acercan tanto que la fuerza nuclear débil actúa y los nucleones se unen.

Estadísticamente lo segundo no tardará en pasar y se crearán inestables isótopos de helio formados por únicamente dos nucleones. Y es un átomo tan inestable que rápidamente uno de los piones positivos se escapará del núcleo transmutándose en un positrón que no tardará en aniquilarse con algún electrón de los que corren por la nube de plasma.

El átomo creado es ya estable, es un átomo de deuterio, formado por dos nucleones con una carga positiva.

El número de átomos de deuterio en el interior de la nube de gas aumenta rápidamente y no tardarán en quedar atrapados dentro de ellos más protones.

Si un átomo de deuterio atrapa un protón, se formará un átomo de helio con tres nucleones, muy inestable, que sufrirá otra desintegración beta, perdiendo un pion positivo y transmutándose en un átomo de tritio.

Aunque el tritio también es inestable, su vida media es lo suficientemente alta como para que pueda encontrarse con un átomo de deuterio, formándose un átomo de helio con cinco nucleones, también inestable, que se desintegrará rápidamente en uno de helio con cuatro nucleones, perdiendo un neutrón.

Ese neutrón topará con un átomo de deuterio antes de desintegrase en un protón, formando más tritio, alimentando la reacción. La reacción de fusión ha comenzado. El helio con cuatro nucleones es tan estable que al crearse emite mucha energía, aumentando la temperatura y la presión del núcleo.

Se ha creado una estrella.

CREACIÓN DE UNA ESTRELLA

En este diagrama se ve cómo se van creando diferentes átomos a partir de los protones primigenios hasta llegar al helio, que es tan estable que su creación a partir del helio de 5 nucleones emite mucha energía.

Formación de carbono, la reacción triple alfa

Nuestro sol, a pesar de su edad ya de 4.600 millones de años, es una estrella joven que aún está en la primera fase, consumiendo hidrógeno para formar helio.

Seguramente los próximos 5.000 millones de años seguirá así, consumiendo hidrógeno. Pero para entonces se habrá creado mucho helio.

Pero el agotamiento del hidrógeno no significa que la estrella se vaya a apagar. Al contrario, ésta seguirá su evolución con una reacción nuclear distinta.

A medida que avanza la reacción de fusión del hidrógeno la densidad de helio dentro del núcleo de la estrella, donde más actividad encontramos, aumenta. Cuando hay un número suficiente de átomos de helio, de partículas alfa, moviéndose por el núcleo de la estrella, en unas condiciones de presión y temperatura muy altas, dos de estos átomos pueden juntarse en un átomo de berilio formado por 8 nucleones y una carga eléctrica positiva de 4.

Este isótopo de berilio es muy inestable y rápidamente vuelve a decaer en dos partículas alfa.

Pero si durante el tiempo en el que existe ese átomo de berilio, se le une otra partícula alfa, se crea un átomo de carbono 12 estable, formado por 12 nucleones y una carga eléctrica de 6.

Esta reacción nuclear es altamente energética, por lo que en el momento en el que comienza a activarse se mantiene por sí misma ya que aumenta la temperatura y la presión del núcleo.

Este aumento de presión y temperatura hace que estadísticamente cada vez sea más frecuente la reacción. Esta reacción irá poco a poco sustituyendo a la de fusión del hidrógeno, según se agote el combustible inicial y aumente la concentración de helio.

A este proceso nuclear se le conoce como triple alfa, ya que en él intervienen tres partículas alfa, tres átomos de helio.

Hay que señalar que este proceso se produce de forma diferente dependiendo el tamaño de la estrella. Si es muy pequeña, de alrededor de la mitad del sol, no llegará a producirse.

En cambio, si el tamaño de la estrella es entre la mitad y dos veces y media del sol, la temperatura del núcleo aumentará rápidamente y el proceso triple alfa se producirá en pocos minutos, emitiendo una gran cantidad de energía y expandiéndose a la vez que colapsa el núcleo, en un proceso que se conoce como el flash de helio.

En estrellas mayores la reacción se producirá de forma más lenta, generando el núcleo de una gigante roja.

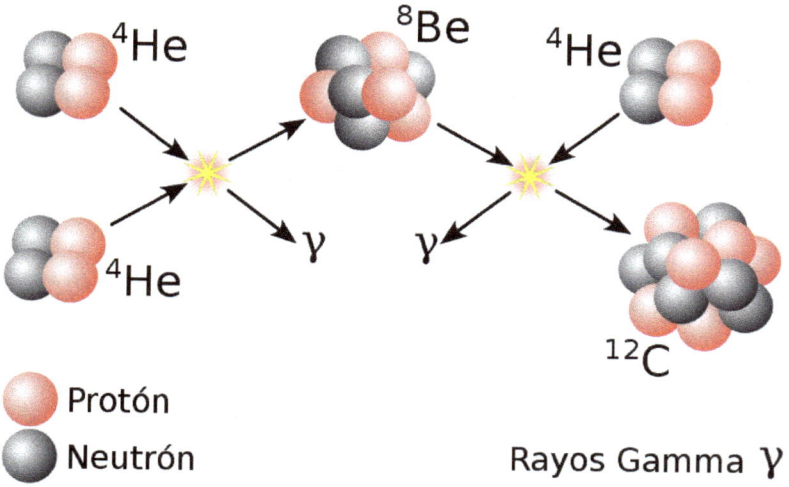

Generación de oxígeno, silicio y magnesio

Cuando la concentración de carbono en el núcleo de la estrella alcanza un valor crítico, en astros con una masa de alrededor de la de cuatro soles, comienza el que es conocido como ciclo CNO.

En esencia el carbono va absorbiendo protones libres para crear primero Neón y luego Oxígeno mediante esa captación de átomos de hidrógeno y desintegraciones beta.

Cuando se llega al oxígeno, éste se desintegra formando un átomo de carbono otra vez, perdiendo una partícula alfa, de helio.

De esta manera se comienza a generar helio, pero a partir de carbono e hidrógeno.

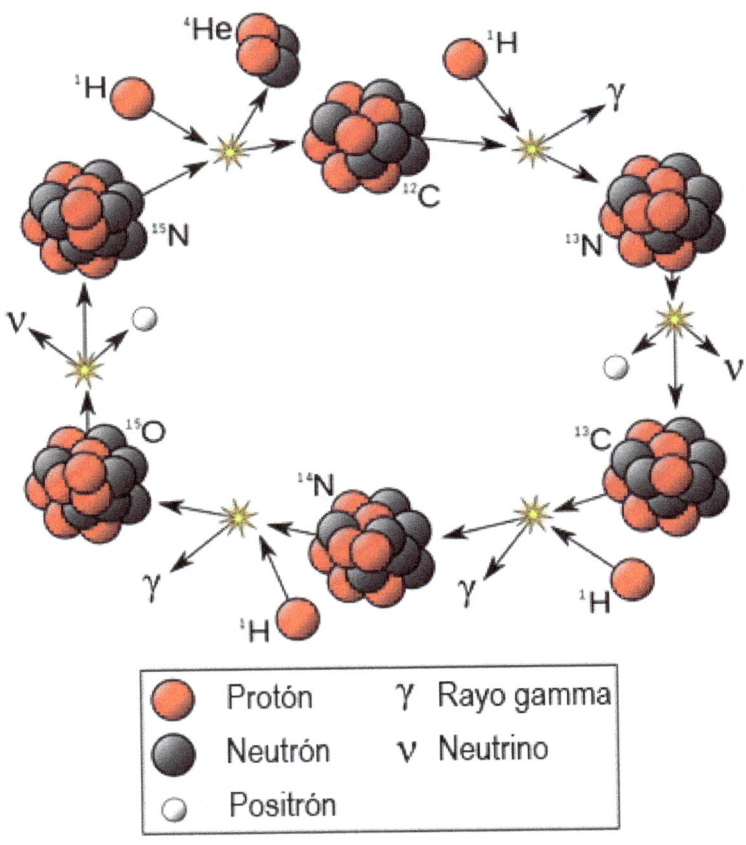

La densidad de carbono sigue aumentando, ya que paralelamente a esta reacción, se sigue manteniendo la triple alfa al aumentar también la génesis de helio.

La estrella empieza a organizarse por capas. En cada capa se produce una reacción preferente y los elementos más pesados van cayendo hacia el núcleo. En él se empieza a almacenar el carbono, cada vez en mayor cantidad.

Y cuando la presión y la temperatura alcanza el nivel crítico comienza la fusión del carbono. Se unen dos átomos de carbono generando magnesio principalmente y sodio, neón y oxígeno en menor cantidad.

La estrella empieza a madurar, con metales cada vez más pesados en su núcleo, que comienzan a establecerse también en las capas aledañas a ese núcleo.

La densidad de oxígeno en el núcleo aumenta, hasta que éste comienza a fusionar, dando varios productos como azufre y fósforo, pero principalmente silicio.

El núcleo de la estrella en esta etapa está formado sobre todo de silicio y magnesio, mientras a su alrededor aparece carbono, neón, oxígeno y otros subproductos de la combustión nuclear de la estrella.

Níquel y hierro, muerte de la estrella

Cuando el núcleo rico en silicio de la estrella alcanza una determinada temperatura, debido sobre todo a su colapso, calculada en $2,7 \cdot 10^9$ °K, este elemento se combina consigo mismo para dar lugar al níquel, un átomo ya muy pesado, de 56 nucleones.

El níquel no es demasiado estable y se degrada mediante una desintegración beta en Cobalto que, a su vez, tras otra desintegración beta da lugar a hierro.

Pero ésta última reacción ya es endotérmica, absorbe energía para producirse, por lo que la estrella comienza a enfriarse. El núcleo se comienza a enriquecer de hierro y níquel, mientras la estrella cada vez emite menos energía.

El silicio, el oxígeno y el magnesio que no han reaccionado son expulsados del núcleo a capas exteriores. Según se va enfriando la estrella, los procesos convectivos que arrastraban elementos hacia la superficie van cesando y los elementos que se han formado se van distribuyendo por capas.

Así pues, en la zona más cercana al núcleo predominan el hierro y el níquel. A su alrededor se forma una capa compuesta principalmente de silicio, oxígeno y magnesio que, al ir perdiendo temperatura, se combinan entre sí para formar silicatos de magnesio.

Más hacia la superficie aparecen elementos más ligeros como el aluminio, el carbono y el potasio, y trazas de otros elementos más pesados que son arrastrados desde el interior por corrientes convectivas en el manto de silicatos de magnesio.

La estrella, ya moribunda, se enfría y al hacerlo, colapsa, contrayéndose, manteniendo un equilibrio de densidad y temperatura mientras va perdiendo energía, en sus últimos estertores.

Una supernova

El núcleo de níquel y hierro se está enfriando poco a poco. Según disminuye su temperatura se contrae, y al contraerse aumenta la gravedad en su superficie, por lo que las fuerzas que hacen que se colapse aumentan.

El aumento de temperatura que se da en ese colapso sirve para que el níquel siga transmutándose en hierro, manteniéndose un equilibrio con el núcleo colapsando mientras el níquel aprovecha el calor de ese colapso para convertirse en hierro.

Si la masa no es muy grande, llega un momento en el cual se alcanzará u equilibrio y no se colapsará más. Cesará la desintegración de níquel en hierro y poco a poco la estrella se irá enfriando, convirtiéndose en un astro sin vida, en un planeta errante.

Pero puede que la estrella tenga una masa lo suficientemente importante como para seguir colapsando. Esa masa está calculada en alrededor de 8 veces la masa de nuestro sol.

En este caso se produce un fenómeno interesante. En el capítulo referente a la reacción en cadena veíamos cómo funcionaba una bomba nuclear del tipo a las de Nagasaki. Este tipo de bombas tenían una esfera con explosivo a su alrededor. El explosivo hace que la esfera se contraiga hasta alcanzar una densidad crítica, y en ese momento se produce una reacción de fisión en cadena prácticamente instantánea que da lugar a la explosión nuclear.

En una estrella con el núcleo de hierro, si es lo suficientemente masiva, pasa lo mismo. El hierro alcanza su punto crítico y da lugar a una reacción en cadena por todo el núcleo de la estrella, que da lugar a una explosión de proporciones impresionantes.

Se trata de una supernova, una estrella que brilla en el cielo durante poco tiempo (varios días) con una magnitud muy alta, tanto que se puede ver a simple vista destacando en el cielo.

La gran energía generada en el núcleo hace que las capas exteriores sean expulsadas al espacio, formando una nebulosa alrededor de la estrella que ha explotado.

En la foto se puede ver la nebulosa del Cangrejo, fruto de la explosión de una supernova.

Abajo, una foto de una supernova en el extremo de una galaxia, donde se puede apreciar el brillo que tiene (foto del telescopio Hubble)

La estrella de neutrones

El hierro que ha quedado en el núcleo sigue colapsando según se va enfriando después de la gran explosión. El espacio tiempo está tan deformado que las capas electrónicas están muy cerca de los núcleos del átomo, tanto que los electrones caen sobre los protones, transformándose en neutrones.

O al menos es lo que nos transmite la teoría clásica sobre estrellas de neutrones.

Sin embargo, hay algunos estudios que indican que, en el centro de esa estrella, el espacio tiempo no está tan deformado, pero que los átomos están muy juntos.

Quizá la estrella de neutrones realmente no sea tal, sino que esté compuesta por núcleos atómicos de un número elevado de nucleones que se mantienen estables por la presión existente, átomos desconocidos en condiciones normales.

Como vimos cuando estudiamos la desintegración beta, según aumenta el número atómico, la estabilidad se logra con una proporción de neutrones mucho mayor que de protones, o lo que es lo mismo, cuanto mayor es el núcleo atómico, menor es la carga eléctrica positiva que es capaz de albergar de forma estable.

Lo más probable es que en una estrella de neutrones se generen por fusión elementos excepcionalmente pesados. En este caso, el exceso de carga eléctrica produciría una fuga importante de piones positivos para lograr el equilibrio.

Estos piones rápidamente se transformarían en positrones que se encontrarían con la nube electrónica aniquilándose y generando una importante emisión de energía.

La emisión de energía se produce en los polos de la estrella de neutrones, debido al potente campo magnético que poseen. El potente campo electromagnético confinaría a los electrones en los polos y desviaría a los positrones creados también hacia ese punto, donde se produciría la aniquilación y la generación de una importante radiación gamma.

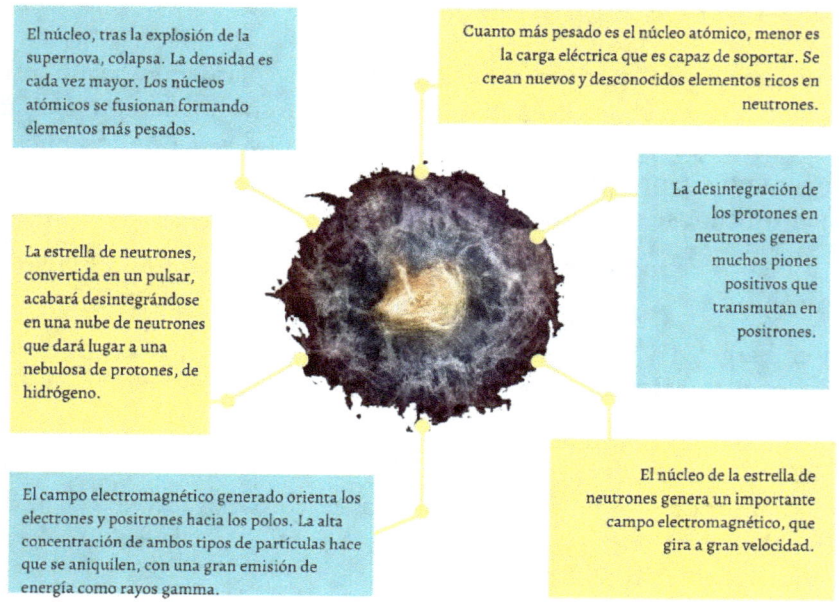

La gráfica siguiente recuerda la relación más estable de los átomos tal y como vimos en las desintegraciones beta.

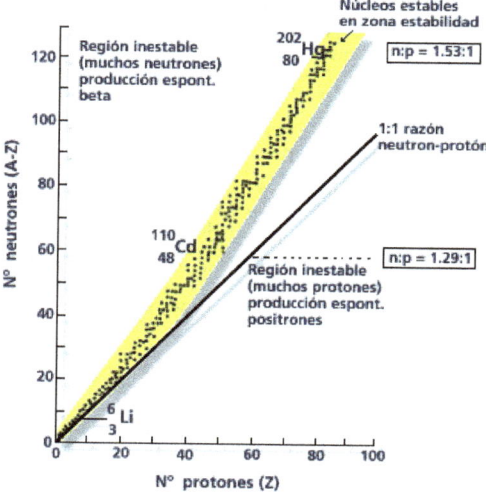

Un choque de proporciones cósmicas

El sistema solar

Nuestro entorno más cercano se compone de una estrella y una serie de planetas varios de ellos con satélites.

El sol es una estrella joven. Todavía está en la fase de quemar hidrógeno para producir helio. Tiene unos 4.600 millones de años desde su formación.

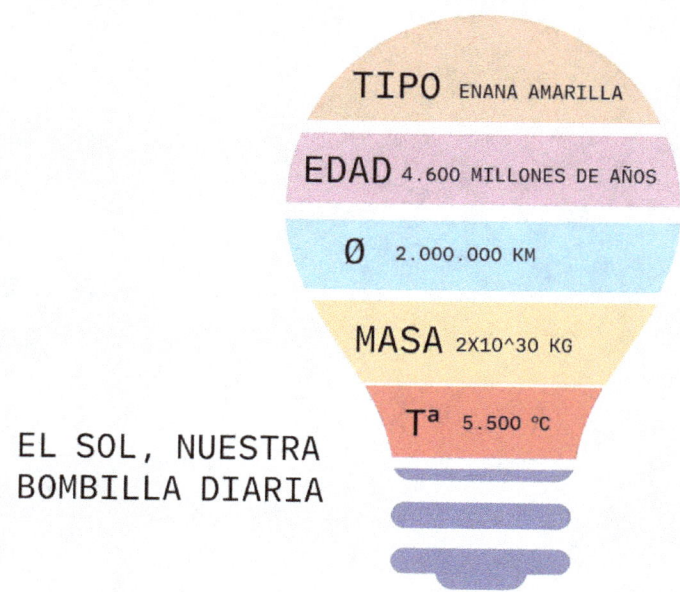

EL SOL, NUESTRA BOMBILLA DIARIA

- TIPO ENANA AMARILLA
- EDAD 4.600 MILLONES DE AÑOS
- Ø 2.000.000 KM
- MASA 2×10^{30} KG
- Tª 5.500 °C

La Tierra, y el resto de los planetas, tienen una edad calculada de unos 4.500 millones de años, la edad de la luna también. Así pues, todo nuestro sistema solar tiene una edad similar.

Alrededor del Sol giran 9 planetas principales, pero más allá de Neptuno aparecen otros pseudoplanetas, con Plutón como el más conocido.

El planeta más cercano al sol es Mercurio. Luego le sigue Venus. La Tierra ocupa el tercer lugar y el cuarto Marte. Entre la Tierra y Marte aparece el cinturón de asteroides, un planeta que no llegó a formarse.

Más allá de Marte encontramos a Júpiter, el planeta más grande de nuestro sistema solar, visible desde la Tierra a simple vista y del que, si se mira con unos simples prismáticos, se pueden apreciar sus satélites.

Después de Júpiter está Saturno, con sus anillos, y más allá Neptuno y Urano.

Los cuatro planetas exteriores son extraordinariamente grandes comparados con los interiores.

Los planetas interiores

Como hemos visto en el capítulo anterior, hay cuatro planetas interiores y otros tantos exteriores. Hay una diferencia de tamaño importante entre unos y otros, pero no es la única que encontramos.

Hay una aún más importante que el tamaño, la composición. Los planetas interiores son fundamentalmente rocosos.

Los cuatro planetas tienen unas características similares. Se componen de un núcleo de hierro o una aleación de hierro con níquel, un manto de silicatos fundamentalmente de magnesio y una superficie sólida de silicatos de aluminio en la que se han ido acumulando otros materiales residuales desde carbono y oxígeno a minerales raros y más pesados.

En Mercurio y Venus, los dos planetas más cercanos al sol, el núcleo metálico está fundido ya que reciben más energía del sol de la que pueden emitir y esa energía impide que el núcleo se solidifique.

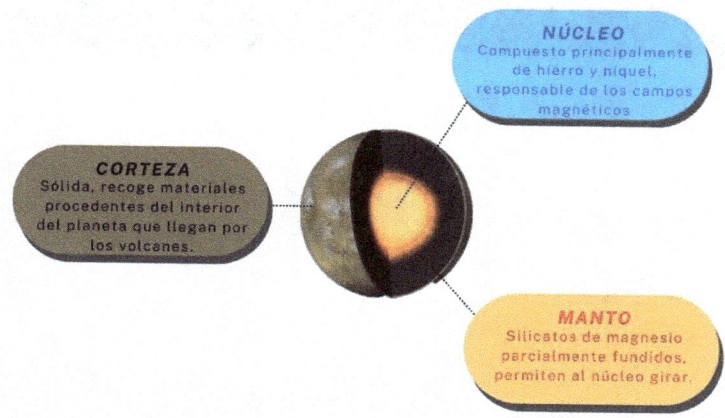

En la Tierra y Marte, por el contrario, el núcleo es sólido y se mueve independientemente del propio giro del planeta ya que "flota" dentro de un manto derretido.

El manto común en todos los planetas interiores se encuentra en estado líquido o semisólido, de manera que se producen movimientos telúricos en su interior. Este manto es el responsable de la actividad volcánica, que es común en mayor o menor grado en todos ellos.

Entre Marte y Júpiter, el primer planeta gaseoso. aparece el cinturón de asteroides. Se trata de rocas de diferente tamaño. Hay media docena que destacan por su tamaño, pero en general son muy pequeños.

Tampoco es un cinturón demasiado denso, se puede atravesar sin topar con ninguno de ellos.

La composición de los asteroides es heterogénea, pero principalmente hay de tres tipos de rocas. La mayoría está compuesta por carbonatos, pero hay un número significativo de asteroides compuestos de silicatos y otros de hierro.

Los planetas exteriores

Los cuatro planetas exteriores son gaseosos, y de un tamaño muy superior a los interiores. Todos ellos tienen unos períodos de rotación muy pequeños y una densidad inferior a los rocosos.

Tienen un pequeño núcleo rocoso, formado por hierro y silicatos principalmente, rodeado de un manto de hidrógeno o helio congelado y una atmósfera compuesta de hidrógeno y amoniaco.

Todos tienen satélites a su alrededor, fundamentalmente rocosos y cubiertos de hielo de amoniaco o helio. Y también como característica todos tienen anillos, presumiblemente formados por satélites que se han destruido por la gravedad de los planetas.

La temperatura de estos planetas es muy inferior a la de los interiores, debido a su lejanía al sol. Por su composición, esta temperatura tan baja los mantiene helados y es también por ello que permite su supervivencia.

Si estos planetas estuvieran más cerca del sol, gran parte de su masa habría desaparecido vaporizada por la radiación recibida.

En la imagen, Saturno, probablemente el planeta más original con sus anillos del sistema solar.

Un choque de estrellas

Parece que fuera de casualidad el hecho de que los planetas interiores tengan una estructura parecida a la de una estrella antigua que ha agotado todo su combustible y ha llegado al final del ciclo.

Un núcleo de hierro-níquel, un manto de silicatos de magnesio y una corteza en la que se acumulan otros materiales, principalmente silicatos de aluminio, nitrógeno, restos de hidrógeno, átomos más pesados...

Por otro lado, los planetas exteriores mantienen un núcleo rocoso de tamaños bastante importantes. Por ejemplo, el de Júpiter es del tamaño de la Tierra y el de Saturno aún es mayor.

El sol inició su actividad hace 4.600 millones de años. El sistema solar se empezó a formar hace 4.500 millones de años.

Podríamos plantear la hipótesis de que cuando el sol era joven, con una edad de 100 millones de años, que parece poco tiempo, pero en cambio es una cifra considerable, pudo coincidir con una estrella que ya iba agotando su combustible y que no era demasiado grande

Esta estrella, rica en hierro, níquel, silicio, oxígeno, magnesio y otros átomos más elaborados sería atrapada por la fuerza gravitatoria de nuestro sol. Al acercarse las dos estrellas pudo tener lugar una disgregación de parte de su masa.

La estrella vieja podría haber perdido una parte importante de su masa, así como también el sol. Se podrían haber formado enormes gotas de material incandescente procedente de las dos estrellas que, al caer por debajo de la masa crítica necesaria para seguir manteniendo sus reacciones nucleares, se habrían enfriado, solidificándose.

Es posible que todos los planetas inicialmente tuvieran una cubierta gaseosa como los planetas exteriores, pero en los interiores, debido a la cercanía al sol y a la energía que reciben de él, esa cubierta gaseosa habría desaparecido.

La estrella visitante, o lo que quedara de ella, más la masa que podría haber arrancado del sol, habría seguido su camino, dejando los restos de ese choque interestelar en forma de planetas alrededor de nuestro sol.

Centrando un poco más la hipótesis, las estrellas que han acabado su ciclo y ya tienen un denso núcleo de hierro y níquel son las supergigantes rojas. Estas estrellas son de una masa considerable, de al menos 9 veces la del sol.

Si una de estas estrellas pasara cerca del sol, probablemente el que quedaría destruido sería el sol.

Pero estas supergigantes sufren explosiones que expulsan grandes cantidades de masa desde su seno.

Por otro lado, la vida de estas estrellas puede ser relativamente corta. Betelgeuse, por ejemplo, una supergigante roja que se encuentra en la constelación de Orión, tan sólo tiene 8 millones de años de vida que, comparados con los 4.600 millones de años del sol, la hace muy joven, y vieja a la vez.

Una supergigante podría haber expulsado una burbuja de material al espacio, no demasiado grande, que se fue enfriando mientras se acercaba a nuestro joven sol.

Al enfriarse esa burbuja los materiales se irían recolocando en capas, los más pesados en el fondo, los más ligeros en la superficie. Al enfriarse se produjeron reacciones químicas que fijaron los elementos más volátiles como el oxígeno.

Al acercarse al sol comenzó a recibir energía, calentándose, y también a sufrir deformaciones, lo que aumentaría su temperatura, hasta un punto tal que se fusionaran todos los elementos.

Las fuerzas gravitatorias junto con los movimientos convectivos del material harían que la masa de nuestro astro visitante se homogeneizara.

Al pasar cerca de nuestro sol, parte de la masa de la burbuja procedente de la supergigante se desprendería. También parte de la masa del sol se perdería atraída por la de la burbuja.

Este evento ocurrió durante un período de tiempo relativamente corto, dependiendo de la velocidad a la que se desplazaría ese astro respecto al sol. Pequeñas burbujas de material mezclado de nuestro sol y de nuestro visitante quedarían entre ambos.

Parte de la masa desprendida por este choque entre estrellas quedaría atrapada por la gravedad del sol, mientras que otra se perdería en el espacio detrás del astro errante, que seguiría su camino por el espacio, enfriándose otra vez después de su paso cerca del sol.

Las burbujas atrapadas por el sol se fueron enfriando, y al hacerlo, se recolocaron otra vez los materiales por capas, los más pesados en el centro (hierro y níquel) con una capa de silicatos de magnesio a su alrededor y una costra que fue endureciéndose mientras se enfriaba y que recibía más materiales desde el centro del planeta recién formado.

Alrededor de esa capa de material procedente de la burbuja visitante se quedó una capa de hidrógeno procedente del sol que se combinó con otros átomos formando amoníaco o metano, e incluso, agua.

En los planetas más cercanos al sol, que reciben mucha radiación, esta capa se volatilizó y desapareció. En cambio, en los más alejados esa capa se enfrió y se mantuvo amarrada a un núcleo rocoso.

Entre Marte y Júpiter, la burbuja se destruyó por las fuerzas gravitatorias de Júpiter formando el cinturón de asteroides.

Y el resultado final de este encuentro entre la burbuja desprendida de una supergigante roja y nuestro sol fueron los planetas de nuestro sistema solar.

FORMACIÓN DEL SISTEMA SOLAR

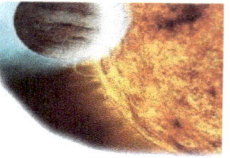

1. Supergigante roja

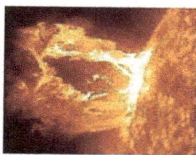

Una burbuja es emitida por una estrella supergigante roja. La burbuja se ha generado en el centro de la estrella y contiene una mezcla de diferentes átomos.

2. Una burbuja errante

La burbuja se enfría y los diferentes minerales se organizan en su interior. Contiene hierro, níquel, silicatos, magnesio, nitrógeno, carbono...

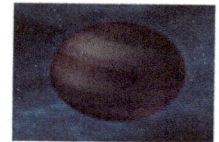

3. Se acerca al sol

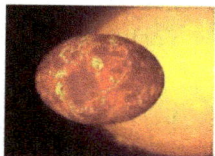

Al acercarse al sol, por la radiación y la gravedad la burbuja se calienta y se convierte en una masa incandescente, con todos sus minerales mezclados por las corrientes de convección.

4. Se disgrega

La burbuja pierde parte de su material al disgregarse por la gravedad. También el sol emite hidrógeno y helio que es atraído por la burbuja.

5. Se aleja

La burbuja se aleja del sol, arrastrando parte de su masa. Pero también ha dejado material que se empieza a agrupar en pequeñas burbujas alrededor del sol.

6. Se forman los planetas

Los restos del encontronazo, al enfriarse forman los planetas. Los más lejanos mantienen el hidrógeno procedente del sol, que se combina formando amoniaco y metano. Los más cercanos lo pierden.

Una supergigante roja

Las supergigantes rojas son estrellas que están acabando su ciclo. Han consumido el hidrógeno y tras él han comenzado el ciclo del helio, creando carbono y elementos más complejos.

Tienen ya un núcleo de hierro y níquel, recubierto de silicio, magnesio, oxígeno y otros elementos más ligeros.

Son estrellas muy activas, tanto que su vida es muy corta. Por ejemplo, Antares o Betelgeuse, dos supergigantes rojas muy conocidas, tienen una edad de alrededor de 10 millones de años. Si lo comparamos con los 4.600 millones de años de nuestro sol son muy jóvenes.

La actividad de su núcleo es tal que pueden emitir burbujas de material que a veces se generan en su propio núcleo arrastrando muchos y diversos elementos.

La gravedad es tan fuerte (tienen una masa superior a 10 veces la del sol) que esas burbujas vuelven a caer sobre la superficie de la estrella. Sin embargo, parte del hidrógeno que quedaba se acumula a su alrededor.

Pero a veces, una de esas burbujas es emitida con tanta fuerza que escapa de la gravedad de la estrella, escapando al espacio.

Una de esas burbujas es la que viajó hacia nuestro sol. Es difícil determinar desde donde partió, ya que las supergigantes rojas suelen evolucionar hacia una supernova de la que queda como remanente una estrella de neutrones con un púlsar asociado.

Las estrellas de neutrones pueden girar a gran velocidad sobre sí mismas, hasta 800 vueltas por segundo. Tienen una densidad tan grande que su masa evita que se desintegren.

También tienen un campo magnético asociado muy importante y emiten gran cantidad de energía por los polos magnéticos que no coinciden con el de rotación. Al girar sobre sí mismas a tanta velocidad, los polos se mueven periódicamente de lugar. Cuando nos llega esa energía, sólo podemos captar el momento en el que el polo está alineado con la Tierra.

Esa energía nos llega mediante pulsos de radiación, generalmente rayos X o gamma, los de mayor energía. Por eso se les llama también púlsares.

Tenemos localizados alrededor de 3.200 púlsares en el universo, algunos más potentes que otros. El más cercano se encuentra a una distancia alrededor de 500 años luz de nosotros y tiene una edad de unos 166 millones de años.

Probablemente de la estrella que emitió la burbuja que creó nuestro sistema solar no quede más que un pequeño agujero negro, después de 4.500 millones de años. Es una edad muy elevada para que ni siquiera quede el púlsar remanente. Lo más seguro es que si evolucionó hacia un agujero negro también haya desaparecido.

Quizá se podría haber convertido en una nebulosa. Si esa nebulosa se hubiera formado a partir de la estrella de neutrones, tras disgregarse habrían degenerado en protones y quizá se podría haber formado otra nueva estrella.

Por ejemplo, Alfa Centauri, la estrella más cercana al sol se encuentra a tan sólo 4,2 años luz de nuestra estrella y tiene una edad aproximada de 1.000 millones de años. Podría ser una candidata a ser nuestra madre estelar, una estrella creada tras la disgregación de una estrella de neutrones generada por la supergigante roja de la que partió nuestra burbuja primigenia.

LA TIERRA, HA NACIDO UNA ESTRELLA

Evolución estelar

Nebulosa primigenia
Una gran masa de hidrógeno comienza a colapsar, convirtiéndose en una nube de plasma densa y caliente

Génesis de la estrella
El hidrógeno se fusiona y genera helio, desprendiendo gran cantidad de energía

Evolución a Supergigante
La masa es tan grande que rápidamente se consume el hidrógeno, comenzando el ciclo del carbono

Supergigante roja
Se generan elementos más pesados, llegando hasta la formación de hierro y níquel.

Supernova
Al enfriarse la estrella por la generación de hierro, se colapsa hasta que éste crea una reacción en cadena.

Estrella de neutrones
La estrella colapsa generando elementos muy pesados que se estabilizan con muchos neutrones.

Disgregación
El pulsar resultante se agota y acaba disgregándose en una nube de neutrones

Nebulosa primigenia
Los neutrones rápidamente decaen en protones, generándose otra nebulosa de hidrógeno, que dara lugar a otra estrella

La burbuja errante

Nuestra burbuja ha escapado de la gravedad de su supergigante roja y ya viaja por el espacio. No lo hace a gran velocidad, por lo que podemos suponer que la estrella de la que partió no estaba muy lejos de nuestro sol, aunque tardara millones de años en alcanzarlo.

Probablemente para cuando llegó, habría desaparecido ya no sólo la estrella de la que partió, sino que ya no quedaría rastro del púlsar en que se convirtió tras destruirse como una supernova.

La burbuja, de una masa considerable, inferior a la del sol primigenio, se fue enfriando. La gran variedad de elementos que la componen se va reorganizando dentro de la burbuja. Un núcleo de hierro y níquel. Un manto de silicio, oxígeno y magnesio que al enfriase se combinan como silicatos de magnesio y una corteza que acumula elementos muy variados.

La burbuja, al enfriarse, se convierte en un planeta errante. La corteza, refractaria, permite que el calor interior se mantenga, aunque se vaya perdiendo poco a poco.

Tarde o temprano se toparía, dentro del vacío estelar, con alguna estrella. La gravedad de algún astro o incluso algún agujero negro la puede atrapar.

La casualidad hizo que apuntara hacia nuestro sol, al que se acercaría hace unos 4.500 millones de años. La gravedad del sol atrapó a la burbuja, y su propia masa la empujó también hacía él. Se estaba preparando un evento impresionante.

Atrapado por el sol

El planeta errante viaja hacia nuestro sol. Va a pasar cerca de él y su gravedad se empieza a notar. Su trayectoria comienza a variar, a curvarse, al ser atrapado por la estrella.

Pero esos no son los únicos efectos que sufre. Según se acerca al sol, un sol joven y probablemente más grande, se calienta y empieza a sufrir deformaciones por la gravedad.

Estas deformaciones hacen que la temperatura en el interior empiece a aumentar. La superficie se funde y el interior, que aún guarda algo de calor que no ha emitido durante su viaje por el espacio vacío, también empieza a fundirse.

Gracias a la energía que recibe del sol se convierte en una bola incandescente. El interior, fundido, comienza a crear corrientes convectivas desde el interior que hace que se empiece a mezclar el núcleo con el manto.

El material se empieza a homogeneizar. El planeta errante, ya de forma viscosa, empieza a deformarse mientras se acerca al sol. Ya no es una esfera y según gira sobre sí mismo adopta otras formas.

Va adquiriendo velocidad según se acerca al sol, curvando su trayectoria. Se está preparando un cataclismo impresionante.

La gran colisión

El planeta errante, incandescente, pasa muy cerca del sol. Ha variado su trayectoria debido a las intensas fuerzas gravitatorias de ambos astros. Esas mismas fuerzas y la radiación que recibía del sol hacen que el planeta se encuentre en un estado pastoso, semisólido.

Grandes masas de gases incandescentes procedentes del sol son atrapadas por el planeta errante, aumentando más aún su temperatura. Incluso el sol varía su trayectoria errante por la masa del ese planeta.

Por fin llega al punto de máxima cercanía al sol. Un hilo de hidrógeno se desprende del sol y llega hasta el planeta. De él también se desprenden burbujas incandescentes que viajan hacia el sol, mezclándose con las nubes de hidrógeno que se desprenden del sol.

La trayectoria del planeta errante ha variado, ha hecho una curva, pero la nueva parábola no es suficiente para que el planeta quede atrapado por la gravedad del sol. Su velocidad es superior a la de escape de la gravedad de nuestra estrella.

Poco a poco el errante se aleja del sol. Nuestra estrella vuelve a la normalidad, recupera su forma esférica. Las reacciones nucleares en su seno se estabilizan.

Por su parte, el planeta errante se aleja. Se ha llevado parte de la masa del sol adherida a su alrededor que forma una tenue atmósfera que se va perdiendo en el espacio. Poco a poco se enfría otra vez. Su corteza se solidifica y su interior se vuelve a reorganizar.

El hierro y el níquel se concentran en el centro del planeta. Los silicatos magnésicos componen su manto. La corteza, refractaría, impide que la energía se pierda demasiado rápidamente. En su trayectoria quizá encuentre otra estrella con la que colisionar.

Ese planeta errante se ha alejado de nosotros. Hace 4.500 millones de años que nos visitó.

Pero después de aquella colisión, alrededor del sol quedaron los restos de aquel encuentro, en forma de burbujas incandescentes, restos del planeta errante, rodeados de hidrógeno procedente del sol.

Tras la tormenta llega la calma

El planeta errante se aleja en el espacio. Puede que se encuentre con otra estrella, puede que su viaje a partir de entonces fuera tranquilo, solitario, hasta perderse en la inmensidad.

Pero alrededor del sol ha dejado un recuerdo en forma de restos de la colisión en forma de pequeñas burbujas que, atrapadas por la gravedad de nuestra estrella, empiezan a describir órbitas a su alrededor.

Esas burbujas incandescentes se empiezan a enfriar a pesar de la cercanía del sol, hasta lograr un equilibrio en el cual la cubierta rocosa de los más cercanos se solidifica mientras que, por las altas temperaturas, la atmósfera gaseosa formada por amoniaco, metano y otros compuestos combinados con el hidrógeno que se ha escapado del sol se evapora y desaparece en el espacio.

En las burbujas más alejadas el amoniaco y el metano se licuan y forman una cubierta densa alrededor de la burbuja, una cubierta muy grande y con mucha masa.

Esas burbujas acaban enfriándose y en su interior los elementos se organizan. Los más pesados, el hierro y el níquel caen al núcleo. A su alrededor el silicio, el magnesio y el oxígeno forman una importante capa de silicato de magnesio fundido, el manto de todos los planetas.

Este manto semisólido se mueve en el interior del planeta y traslada hacia la superficie otros minerales más pesados, y también más ligeros. Aluminio, hierro, metales raros, carbono, calcio... ascienden a la superficie y escapan por grietas y agujeros en forma de volcanes depositándose, dando lugar a una interesante actividad geológica.

Las burbujas se han transformado en planetas que a su vez han captado restos de materiales desprendidos del encuentro entre el errante y el sol, y que van formando satélites a su alrededor.

Los más internos han perdido su capa exterior de amoniaco y metano. Algunos mantienen atmósferas a su alrededor, como la tierra, en la que predominan el nitrógeno y el oxígeno, en parte combinados con el hidrógeno desprendido del sol.

En los más externos ese nitrógeno y oxígeno, junto sobre todo con el carbono, se han combinado con el hidrógeno desprendido del sol y han formado una gruesa capa de amoniaco y metano, las densas formaciones que conforman los masivos planetas externos.

Es más, la masa de uno de ellos, Júpiter, ha impedido que la burbuja inmediatamente interior se transformara en un planeta, dando lugar al cinturón de asteroides.

Ha nacido el sistema solar y, entre esos planetas, la Tierra. Ha nacido una estrella, o más bien, desde una estrella.

¿Y la luna?

Otro misterio sin resolver.

Referencias

Libros y artículos

Fisicanova: Una aproximación a la realidad. *Jaime Delgado Avendaño*

Breve historia del tiempo. *Stephen Hawking*

¿Por qué E=mc2? *Brian Cox*

Curso de Teoría de la Relatividad y de la gravitación. *A. Logunov*

B.P. Abbott

El universo de Einstein. *Michio Kaku*

Relatividad general. *Robert Wald*

El Sistema Solar *Universidad Politécnica de Valencia (2000).*

The New Solar *System Beatty, J. K.; Collins Petersen, C., y Chaikin, A. (1999).*

Estrellas asintóticas de la rama gigante *Habing, Harm J.; Olofsson, Hans (2003).*

Otras fuentes

Wikipedia

El tamiz eltamiz.com *Pedro Gómez Esteban*

La Pizarra de Yuri lapizarradeyuri.com *Antonio Cantó*

LA TIERRA, HA NACIDO UNA ESTRELLA

Sobre el autor

Ingeniero Técnico Industrial en Química industrial, e Ingeniero Industrial en Organización Industrial, el autor ha trabajado durante toda su vida en el ámbito de la energía y el medio ambiente.

Comenzó su carrera profesional diseñando centrales de cogeneración y depuradoras de agua, para centrarse posteriormente en el mundo de la I+D+i sobre de las energías renovables.

Durante su vida profesional ha trabajado en centros de I+D, ha tenido una empresa de ingeniería y trabajado en otras empresas relacionadas con la electricidad, diseñando y realizando instalaciones de baja tensión, de alta tensión y de producción de energía basada en fuentes renovables.

También ha diseñado aerogeneradores de mediana potencia, sistemas de seguimiento solar y otro equipamiento eléctrico.

Aficionado a la astrofísica, durante años ha estado estudiando los procesos de formación de las estrellas, hallando coincidencias entre la composición de determinado tipo de estrellas y la de la Tierra, de ahí la formulación de esta hipótesis sobre el origen del sistema solar.

Otra de sus aficiones es la literatura, habiendo publicado un buen número de novelas en los más diversos géneros, desde el humor hasta la novela negra, desde la ciencia ficción hasta la novela infantil.

Pero esa… es otra historia.

www.ingramcontent.com/pod-product-compliance
Lightning Source LLC
Chambersburg PA
CBHW070310220526
45465CB00004B/1825